Libro di bordo del progetto di gestione delle costruzioni

Questo libro appartiene a:

NOme :

Telefono :

Email :

Idea regalo perfetta per il capocantiere,
il manager o il supervisore di un cantiere.

Nome del progetto :

Progetto n.:

Data:

Caposquadra:

Giorno:

Visitatori	Programma

PProblemi	Problemi di sicurezza

Sintesi del lavoro

Firma :

Dipendente	Commercio	Ore	Straordinario
Dipendente	Commercio	Ore	Straordinario

Attrezzature in loco	Unità

Materiali consegnati	Unità	Attrezzatura noleggiata	Tasso

Informazioni importanti

Note :

Nome del progetto :

Progetto n.:

Data:

Caposquadra:

Giorno:

Visitatori	Programma

PProblemi	Problemi di sicurezza

Sintesi del lavoro

Firma :

Dipendente	Commercio	Ore	Straordinario

Attrezzature in loco	Unità

Materiali consegnati	Unità	Attrezzatura noleggiata	Tasso

Note :

Nome del progetto :

Caposquadra:

Progetto n.:

Data:

Giorno:

Visitatori	Programma

PProblemi	Problemi di sicurezza

Sintesi del lavoro

Firma :

Dipendente	Commercio	Ore	Straordinario

Attrezzature in loco	Unità

Materiali consegnati	Unità	Attrezzatura noleggiata	Tasso

Informazioni importanti

Note :

Nome del progetto :

Progetto n.:

Data:

Caposquadra:

Giorno:

Visitatori	Programma

PProblemi	Problemi di sicurezza

Sintesi del lavoro

Firma :

Dipendente	Commercio	Ore	Straordinario

Attrezzature in loco	Unità

Materiali consegnati	Unità	Attrezzatura noleggiata	Tasso

Informazioni importanti

Note :

Nome del progetto :

Progetto n.:

Data:

Caposquadra:

Giorno:

Visitatori	Programma

PProblemi	Problemi di sicurezza

Sintesi del lavoro

Firma :

Dipendente	Commercio	Ore	Straordinario

Attrezzature in loco	Unità

Materiali consegnati	Unità	Attrezzatura noleggiata	Tasso

Informazioni importanti

Note :

Nome del progetto :

Progetto n.:

Data:

Caposquadra:

Giorno:

Visitatori	Programma

PProblemi	Problemi di sicurezza

Sintesi del lavoro

Firma :

Dipendente	Commercio	Ore	Straordinario

Attrezzature in loco	Unità

Materiali consegnati	Unità	Attrezzatura noleggiata	Tasso

Informazioni importanti

Note :

Nome del progetto :

Progetto n.:

Data:

Caposquadra:

Giorno:

Visitatori	Programma

PProblemi	Problemi di sicurezza

Sintesi del lavoro

Firma :

Dipendente	Commercio	Ore	Straordinario
Dipendente	Commercio	Ore	Straordinario

Attrezzature in loco	Unità

Materiali consegnati	Unità	Attrezzatura noleggiata	Tasso

Informazioni importanti

Note :

Nome del progetto :

Caposquadra:

Progetto n.:

Data:

Giorno:

Visitatori	Programma

PProblemi	Problemi di sicurezza

Sintesi del lavoro

Firma :

Dipendente	Commercio	Ore	Straordinario

Attrezzature in loco	Unità

Materiali consegnati	Unità	Attrezzatura noleggiata	Tasso

Informazioni importanti

Note :

Nome del progetto :

Progetto n.:

Data:

Caposquadra:

Giorno:

Visitatori	Programma

PProblemi	Problemi di sicurezza

Sintesi del lavoro

Firma :

Dipendente	Commercio	Ore	Straordinario

Attrezzature in loco	Unità

Materiali consegnati	Unità	Attrezzatura noleggiata	Tasso

Informazioni importanti

Note :

Nome del progetto :

Progetto n.:

Data:

Caposquadra:

Giorno:

Visitatori	Programma

PProblemi	Problemi di sicurezza

Sintesi del lavoro

Firma :

Dipendente	Commercio	Ore	Straordinario

Attrezzature in loco	Unità

Materiali consegnati	Unità	Attrezzatura noleggiata	Tasso

Informazioni importanti

Note :

Nome del progetto :

Caposquadra:

Progetto n.:

Data:

Giorno:

Visitatori	Programma

PProblemi	Problemi di sicurezza

Sintesi del lavoro

Firma :

Dipendente	Commercio	Ore	Straordinario

Attrezzature in loco	Unità

Materiali consegnati	Unità	Attrezzatura noleggiata	Tasso

Informazioni importanti

Note :

Nome del progetto :

Progetto n.:

Data:

Caposquadra:

Giorno:

Visitatori	Programma

PProblemi	Problemi di sicurezza

Sintesi del lavoro

Firma :

Dipendente	Commercio	Ore	Straordinario

Attrezzature in loco	Unità

Materiali consegnati	Unità	Attrezzatura noleggiata	Tasso

Informazioni importanti

Note :

Nome del progetto :

Progetto n.:

Data:

Caposquadra:

Giorno:

Visitatori

Programma

PProblemi

Problemi di sicurezza

Sintesi del lavoro

Firma :

Dipendente	Commercio	Ore	Straordinario

Attrezzature in loco	Unità

Materiali consegnati	Unità	Attrezzatura noleggiata	Tasso

Informazioni importanti

Note :

Nome del progetto :

Caposquadra:

Progetto n.:

Data:

Giorno:

Visitatori	Programma

PProblemi	Problemi di sicurezza

Sintesi del lavoro

Firma :

Dipendente	Commercio	Ore	Straordinario

Attrezzature in loco	Unità

Materiali consegnati	Unità	Attrezzatura noleggiata	Tasso

Informazioni importanti

Note :

Nome del progetto :

Progetto n.:

Data:

Caposquadra:

Giorno:

Visitatori	Programma

PProblemi	Problemi di sicurezza

Sintesi del lavoro

Firma :

Dipendente	Commercio	Ore	Straordinario

Attrezzature in loco	Unità

Materiali consegnati	Unità	Attrezzatura noleggiata	Tasso

Informazioni importanti

Note :

Nome del progetto :

Progetto n.:

Data:

Caposquadra:

Giorno:

Visitatori	Programma

PProblemi	Problemi di sicurezza

Sintesi del lavoro

Firma :

Dipendente	Commercio	Ore	Straordinario

Attrezzature in loco	Unità

Materiali consegnati	Unità	Attrezzatura noleggiata	Tasso

Informazioni importanti

Note :

Nome del progetto :

Progetto n.:

Data:

Caposquadra:

Giorno:

Visitatori	Programma

PProblemi	Problemi di sicurezza

Sintesi del lavoro

Firma :

Dipendente	Commercio	Ore	Straordinario

Attrezzature in loco	Unità

Materiali consegnati	Unità	Attrezzatura noleggiata	Tasso

Informazioni importanti

Note :

Nome del progetto :	Progetto n.:
	Data:
Caposquadra:	Giorno:

Visitatori	Programma

PProblemi	Problemi di sicurezza

Sintesi del lavoro

Firma :

Dipendente	Commercio	Ore	Straordinario

Attrezzature in loco	Unità

Materiali consegnati	Unità	Attrezzatura noleggiata	Tasso

Informazioni importanti

Note :

Nome del progetto :

Progetto n.:

Data:

Caposquadra:

Giorno:

Visitatori	Programma

PProblemi	Problemi di sicurezza

Sintesi del lavoro

Firma :

Dipendente	Commercio	Ore	Straordinario

Attrezzature in loco	Unità

Materiali consegnati	Unità	Attrezzatura noleggiata	Tasso

Informazioni importanti

Note :

Nome del progetto :

Caposquadra:

Progetto n.:

Data:

Giorno:

Visitatori	Programma

PProblemi	Problemi di sicurezza

Sintesi del lavoro

Firma :

Dipendente	Commercio	Ore	Straordinario

Attrezzature in loco	Unità

Materiali consegnati	Unità	Attrezzatura noleggiata	Tasso

Informazioni importanti

Note :

Nome del progetto :

Progetto n.:

Data:

Caposquadra:

Giorno:

Visitatori	Programma

PProblemi	Problemi di sicurezza

Sintesi del lavoro

Firma :

Dipendente	Commercio	Ore	Straordinario

Attrezzature in loco	Unità

Materiali consegnati	Unità	Attrezzatura noleggiata	Tasso

Informazioni importanti

Note :

Nome del progetto :

Progetto n.:

Data:

Caposquadra:

Giorno:

Visitatori	Programma

PProblemi	Problemi di sicurezza

Sintesi del lavoro

Firma :

Dipendente	Commercio	Ore	Straordinario

Attrezzature in loco	Unità

Materiali consegnati	Unità	Attrezzatura noleggiata	Tasso

Informazioni importanti

Note :

Nome del progetto :

Progetto n.:

Data:

Caposquadra:

Giorno:

Visitatori	Programma

PProblemi	Problemi di sicurezza

Sintesi del lavoro

Firma :

Dipendente	Commercio	Ore	Straordinario

Attrezzature in loco	Unità

Materiali consegnati	Unità	Attrezzatura noleggiata	Tasso

Informazioni importanti

Note :

Nome del progetto :	Progetto n.:
	Data:
Caposquadra:	Giorno:

Visitatori	Programma

PProblemi	Problemi di sicurezza

Sintesi del lavoro

Firma :

Dipendente	Commercio	Ore	Straordinario

Attrezzature in loco	Unità

Materiali consegnati	Unità	Attrezzatura noleggiata	Tasso

Informazioni importanti

Note :

Nome del progetto :

Progetto n.:

Data:

Caposquadra:

Giorno:

Visitatori	Programma

PProblemi	Problemi di sicurezza

Sintesi del lavoro

Firma :

Dipendente	Commercio	Ore	Straordinario

Attrezzature in loco	Unità

Materiali consegnati	Unità	Attrezzatura noleggiata	Tasso

Informazioni importanti

Note :

Nome del progetto :

Caposquadra:

Progetto n.:

Data:

Giorno:

Visitatori	Programma

PProblemi	Problemi di sicurezza

Sintesi del lavoro

Firma :

Dipendente	Commercio	Ore	Straordinario

Attrezzature in loco	Unità

Materiali consegnati	Unità	Attrezzatura noleggiata	Tasso

Informazioni importanti

Note :

Nome del progetto :

Caposquadra:

Progetto n.:

Data:

Giorno:

Visitatori	Programma

PProblemi	Problemi di sicurezza

Sintesi del lavoro

Firma :

Dipendente	Commercio	Ore	Straordinario

Attrezzature in loco	Unità

Materiali consegnati	Unità	Attrezzatura noleggiata	Tasso

Informazioni importanti

Note :

Nome del progetto :

Progetto n.:

Data:

Caposquadra:

Giorno:

Visitatori	Programma

PProblemi	Problemi di sicurezza

Sintesi del lavoro

Firma :

Dipendente	Commercio	Ore	Straordinario

Attrezzature in loco	Unità

Materiali consegnati	Unità	Attrezzatura noleggiata	Tasso

Informazioni importanti

Note :

Nome del progetto :

Progetto n.:

Data:

Caposquadra:

Giorno:

Visitatori	Programma

PProblemi	Problemi di sicurezza

Sintesi del lavoro

Firma :

Dipendente	Commercio	Ore	Straordinario

Attrezzature in loco	Unità

Materiali consegnati	Unità	Attrezzatura noleggiata	Tasso

Informazioni importanti

Note :

Nome del progetto :

Progetto n.:

Data:

Caposquadra:

Giorno:

| Visitatori | Programma |

| PProblemi | Problemi di sicurezza |

Sintesi del lavoro

Firma :

Dipendente	Commercio	Ore	Straordinario

Attrezzature in loco	Unità

Materiali consegnati	Unità	Attrezzatura noleggiata	Tasso

Informazioni importanti

Note :

9 783986 089979